図説 知っておきたい！ スポット50

野の花

カミラ・ド・ラ・ベドワイエール 著

訳出協力：Babel Corporation

六耀社

ACKNOWLEDGEMENTS
All images are from the Miles Kelly Archives

SPOT 50
Wildflowers
by Camilla de la Bedoyere
©Miles Kelly Publishing Ltd 2011
Japanese translation rights arranged with
Miles Kelly Publishing Ltd., Thaxted, Essex, England
through Tuttle-Mori Agency, Inc., Tokyo

もくじ

野の花と季節	4
花のつくり	5

白色の花
- セイヨウヒルガオ　6
- ローマンカモミール　7
- ヒナギク　8
- ネギハタザオ　9
- セイヨウナツユキソウ　10
- フランスギク　11
- ハマナ　12
- マツユキソウ　13
- サジオモダカ（アリスマ・プランタゴーアクアティカ）　14
- ヤブイチゲ　15

緑色の花
- アオスズラン　16
- アルム・マクラツム　17

ピンク色の花
- ラン（オフリス・アピフェラ）　18
- エリカ（エリカ・テトラリックス）　19
- ノハラナデシコ　20
- キツネノテブクロ　21
- オオアカバナ　22
- カルーナ・ブルガリス　23
- ヒメフウロ　24
- オニツリフネソウ　25
- エゾミソハギ　26
- ヒロハノマンテマ　27
- ハマカンザシ　28

赤やオレンジ色の花
- クロバナロウゲ　29
- アキザキフクジュソウ　30
- ヒナゲシ　31
- アカバナルリハコベ　32

青やむらさき色の花
- イングリッシュ・ブルーベル　33
- ベロニカ（ベロニカ・ベクカブンガ）　34
- セイヨウキランソウ　35
- ムシトリスミレ　36
- セイヨウオダマキ　37
- ヤグルマギク　38
- マツムシソウモドキ　39
- イトシャジン　40
- ビオラ（ビオラ・パルストリス）　41
- ノハラフウロ　42
- ハマエンドウ　43
- オニナベナ　44
- クサフジ　45

黄色の花
- キバナノクリンザクラ　46
- セイヨウタンポポ　47
- ヒペリクム・リナリフォリウム　48
- ヒメリュウキンカ　49
- シベリアリュウキンカ　50
- イチゲサクラソウ　51
- ヨウシュツルキンバイ　52
- ヒマワリ　53
- キショウブ　54
- オクエゾガラガラ　55

用語解説　56

それぞれの野の花を見つけられたら、〇のところにしるしをつけよう。

野の花と季節

野の花には、生活環という周期があります。各季節の気候の変化にあわせて野の花の状態は変わっていきます。ほとんどの場合、春に開花し、冬の寒い時期に枯れます。

春
土と空気の温度が上がり、日が延びます。花をつける多くの野草がこの季節に芽を出しますが、まだ開花はしません。新しく花がつくことを最初に知らせてくれるのが、地面から出る緑色の新芽です。

夏
色あざやかな花にはあまいみつが含まれていて、それに昆虫が寄ってきます。昆虫は子房に花粉を運び、植物の受精に一役買っています。子房のなかにある小さな胚珠の卵細胞が受精すると、子房は熟して果皮をつくることができるのです。

秋
花は枯れますが、果皮の成長がまだ続きます。果皮は、乾燥したものか、液果のようにやわらかい果肉におおわれたものになっていきます。やがてそれらは地面に落ちたり、何かに食べられたり、風で飛ばされます。また、葉は色が変わっていき、落ちたりしおれたりします。

冬
1年草は枯れます。初霜が植物をいためつける時期に枯れることが多くあります。多年草は、冬のあいだ休眠、つまり活動を停止します。枯れているように見えても、地中で根が生き続け、春を待っているのです。一部の植物は、早い時期に花をさかせ、1月の雪のなかから姿を現わします。

花のつくり

花の成長は、つぼみの内部で起こるものです。花びらの内部では、「雄しべ」というオスにあたる部分が輪のように並んでいます。それぞれに花糸があり、花糸の先端には葯がついています。葯のなかには花粉があり、花粉のなかには、オスの性質をもった生殖細胞が入っています。また、花の中心には、柱頭や花柱というメスにあたる部分があります。花柱は下部が広がっていて、そのまま子房につながります。子房のなかには胚珠があり、そのなかにメスの性質をもった生殖細胞(卵細胞)が入っています。

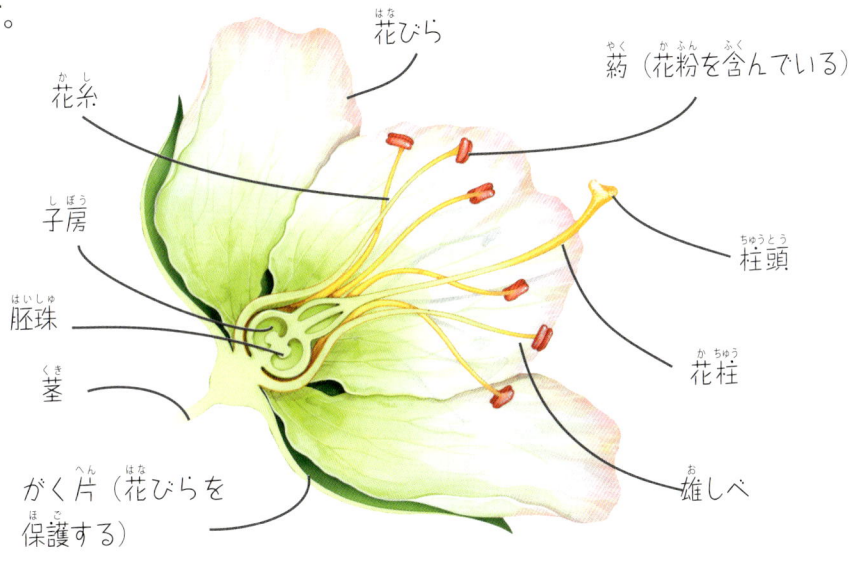

花びら
花糸
葯(花粉を含んでいる)
子房
柱頭
胚珠
花柱
茎
雄しべ
がく片(花びらを保護する)

受粉と受精
①葯が花粉を放出すると、一部の花粉が柱頭に向かいます。②すると、花粉から花粉管が下にのびていき、花柱を通って子房にたどりつきます。③その後、花粉管の先端がわれて開き、精核を放出し、それが胚珠、具体的には卵細胞の卵核と結合します。④このような結びつきを受精といい、これによって新しい細胞ができて、その細胞から種子がつくられます。

果実と種子
受精の後、胚珠が種子に、子房が果実に変化します。果実には、自らを食べてもらおうとあざやかな色になるものがあります。また、遠くへふき飛ばされるように、乾燥してパラシュート形や翼の形になるものもあります。

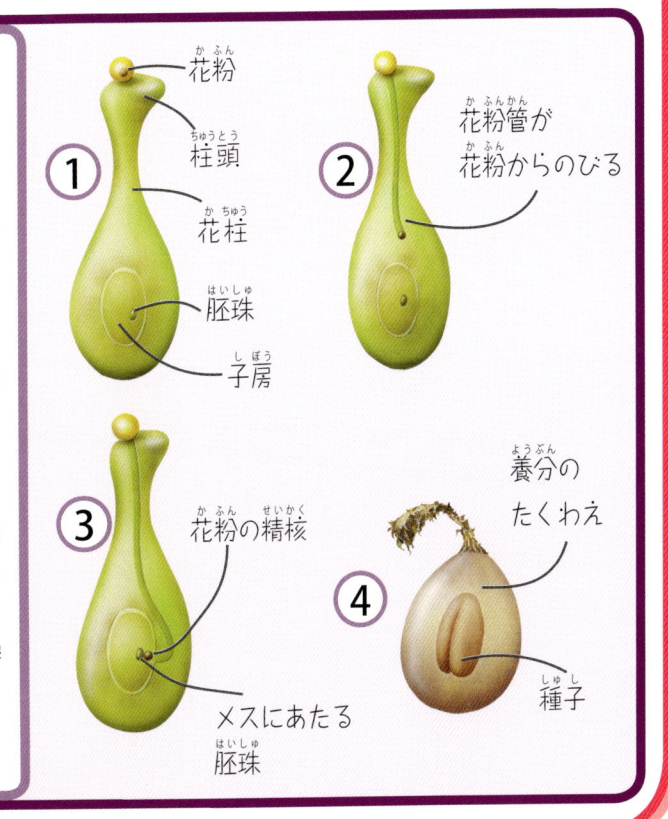

① 花粉／柱頭／花柱／胚珠／子房
② 花粉管が花粉からのびる
③ 花粉の精核／メスにあたる胚珠
④ 養分のたくわえ／種子

セイヨウヒルガオ

白くてろうと形をした花が、受粉をしてくれる昆虫をさそいます。セイヨウヒルガオは広い範囲にのびていく雑草で、フェンスや植物に巻きついて、少しずつ隙間をおおい隠していきます。種子で増えていくので、取り除くことはまずできません。根のわずかな部分だけで、新しくはえて育つことができます。

実物大

根は肉付きがよく、白色をしています。地中のかなり広い範囲にまで広がり、地下5m以上の深さまでのびることもあります。そのため、取り除くのはきわめて難しいことです。

花のデータ

学名	*Convolvulus arvensis*
科目	ヒルガオ科
高さ	50〜200cm
花期	5〜9月
果実	種子が8〜10月にできる

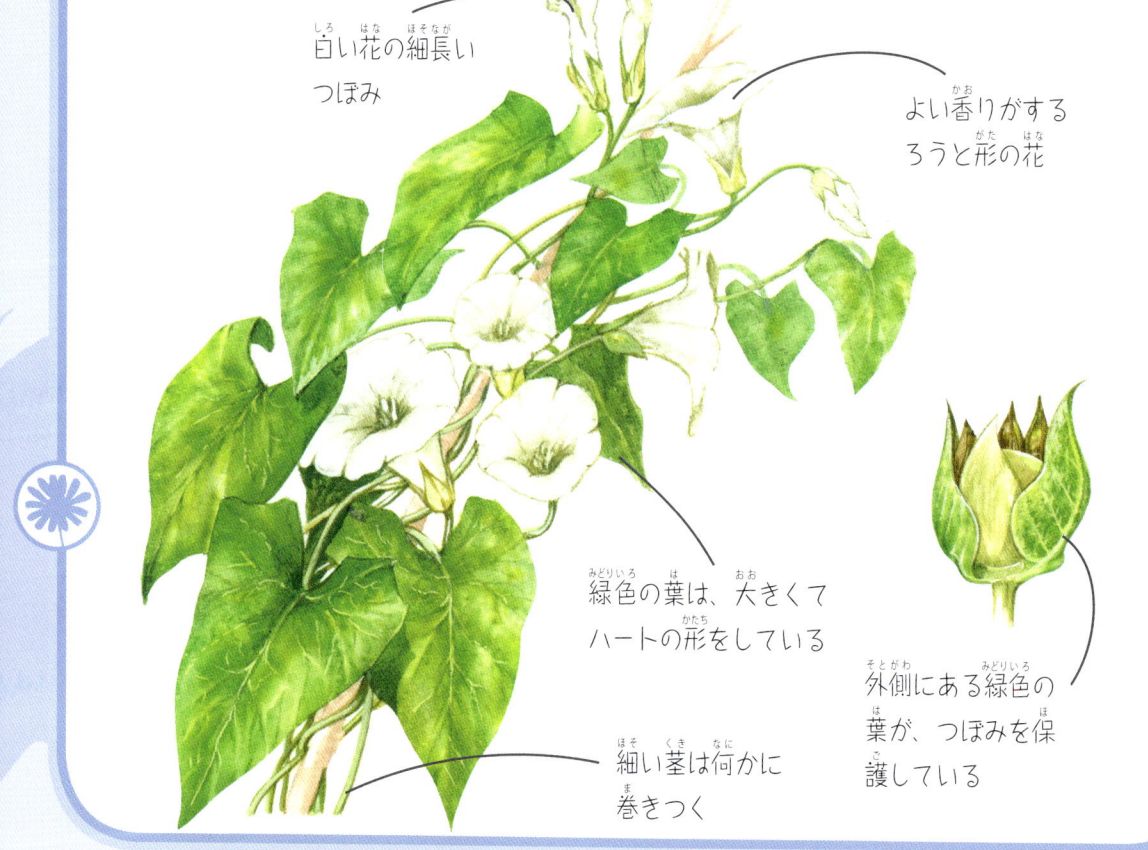

- 白い花の細長いつぼみ
- よい香りがするろうと形の花
- 緑色の葉は、大きくてハートの形をしている
- 外側にある緑色の葉が、つぼみを保護している
- 細い茎は何かに巻きつく

ローマンカモミール

ヒナギクと似たこの花は、何より香りでよく知られています。まるでリンゴと風船ガムを合わせたような、おいしそうな香りがします。かつては広い地域に分布していましたが、自生地の多くが破壊されてしまいました。今ではもう、イングランド南部、とくにニュー・フォレストにあるほんのわずかな場所でしか、野生のものを見つけられません。

ローマンカモミールは、地面をおおいつくすくらいに成長することがよくあります。そのため、これを利用してカモミールの芝地がつくられます。その芝地の上を歩くと、花の香りが広がります。

実物大

花のデータ

学名	*Chamaemelum nobile*
科目	キク科
高さ	最長 25cm
花期	6〜8月
果実	小さな種子ができる

- 茎1本につき1つの頭花がつく
- 大きくて黄色い花盤には多くの小花がついている
- 花は直径約2cm
- 花びらは下を向いている
- 葉は灰色がかった緑色で、羽のような形をしている

7

ヒナギク

小さくて白いヒナギクの花は、雑草とみなされることがよくあります。ヒナギクの英語名「デイジー」は、「デイズ・アイ（day's eye）」からつけられました。太陽が出ているとき、目をあけるように花びらをひらくことがその由来になっています。ヒナギクには、ミツバチやヒラタアブなどの受粉をする昆虫が寄ってきます。葉は毛がはえていて、スプーンのような形をしており、愛らしい花がまんなかから成長していきます。ヒナギクは、寒くて湿気のある冬を越し、小さな白い花を1年中さかせることもあります。花は太陽のほうを向きながら、上へ上へと成長します。

伝統的な民間療法では、せきや風邪、関節の病気、軽いキズを治すために、乾燥させたヒナギクの花を利用しています。

実物大

花のデータ
- 学名　Bellis perennis
- 科目　キク科
- 高さ　2～10cm
- 花期　通年
- 果実　花が終わると小さな種子ができる

花びらの先は深いピンク色をほんのりおびる

小さなだ円形の花びらが黄色い花盤のまわりを囲んでいる

毛のはえた、まっすぐな茎

ネギハタザオ

ネギハタザオという2年草はさまざまな自生地で育ちますが、白亜質の土でよく育ちます。日当たりのよくない場所でも育つことができ、とても速く増えていきます。イギリス全土で見つけられますが、スコットランド北部とアイルランドではそれほど見られません。まっすぐな茎1本1本には、ギザギザしたうす緑色の葉が下から上にかけて、らせん状につき、頂部には雪のように白い小さな花が集まっています。

実物大

花のデータ

学名	*Alliaria petiolata*
科目	アブラナ科
高さ	最長 1m
花期	3月中旬～5月
果実	小さな黒い種子ができる

ネギハタザオは、クモマツマキチョウのイモムシの重要な食べ物です。

雪のように白い小さな花が茎の頂部に密集している

それぞれの花には4枚の花びらがある

葉は三角形で、ふちがギザギザしている

セイヨウナツユキソウ

この野の花は強くてかぐわしい香りを放ちます。長い茎には、雪のような白っぽい花々がついています。セイヨウナツユキソウは、飛びまわる昆虫に好まれ、イギリスやアイルランド全土の川岸などのしめった場所で育ちます。かつて、開花した花は家の床一面にまき散らされて、家じゅうにあまい香りをただよわせていました。

実物大

セイヨウナツユキソウは夏じゅうさき続け、多くの昆虫にとって食べものとなるみつを提供します。このあまいみつには、チョウとミツバチがとくに寄ってきます。

花のデータ

学名	*Filipendula ulmaria*
科目	バラ科
高さ	最長 125cm
花期	6〜9月
果実	らせん状の小さな種子ができる

花は直径約5mm

クリーム色に近い白色をした花々

5枚の花びら

葉の表はこい緑色だが、裏面はうすい色をしている

茎には毛がなく、赤みをおびている

10

フランスギク

草原によくはえているフランスギクの頭花は、あざやかで目立ち、人目をひきます。フランスギクは毎年成長し、広い範囲に増えて、まるで緑色のじゅうたんのようになります。てっぺんには、白と黄色の頭花をつけます。なお普通のヒナギクは、見た目こそ似ていますが、葉はだ円形で毛がなく、成長しても高さが 10cm ほどにしかなりません。

実物大

夏になると、ヒョウモンチョウがフランスギクに群がります。このチョウの羽は表にオレンジがかった茶色の斑点があり、裏はもっとうすい色をしています。

花のデータ

学名	*Leucanthemum vulgare*
科目	キク科
高さ	10〜80cm
花期	5〜9月
果実	小さな種子ができる

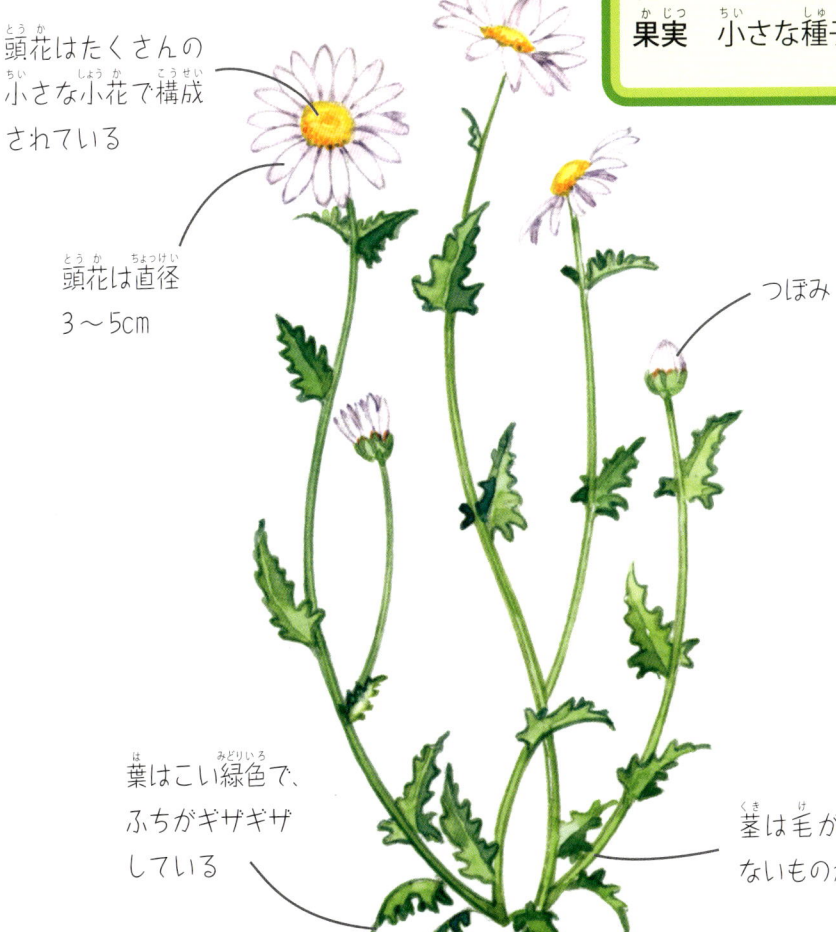

- 頭花はたくさんの小さな小花で構成されている
- 頭花は直径 3〜5cm
- つぼみ
- 葉はこい緑色で、ふちがギザギザしている
- 茎は毛があるものと、ないものがある

ハマナ

小石の多い浜でよく見つけられるハマナは、小石と砂を含む海岸などにある、高台のかわいたところで生きぬける植物です。葉は厚くて水分を貯めることができ、表面にロウのようなうすい層があって、必要以上に水が蒸発しないようになっています。花がさくのは、たいていはえ始めてから5年以上経ってからです。

かつてはこの植物を蒸して食べていましたが、今日ではそれもまれになりました。けっして摘むべきではない植物です。

実物大

花のデータ

学名	*Crambe maritima*
科目	アブラナ科
高さ	最長 100cm
花期	6〜8月
果実	丸い、緑色の果実

葉は大きくて厚く、緑色かむらさき色

葉にはロウのようなうすい層がある

半球の形に広がって育つ

白い花が密集している

12

マツユキソウ

いなかにさく多くのマツユキソウは、庭で育てられていたものがすっかり野生化したものです。しめった森や草地、小川の近くで見つかります。イングランド南西にある保護地では、クリスマスの時期に花がさくことがあります。1年の早い時期に、地中の球根に蓄えたエネルギーで花をさかせます。野生のマツユキソウは、茎1本につき1つしか花がつきません。内側の花びらは先端が緑色をしています。

実物大

マツユキソウはおそらく中世に、中央ヨーロッパからイギリスに入ってきました。アイルランドではめったに見つけられません。

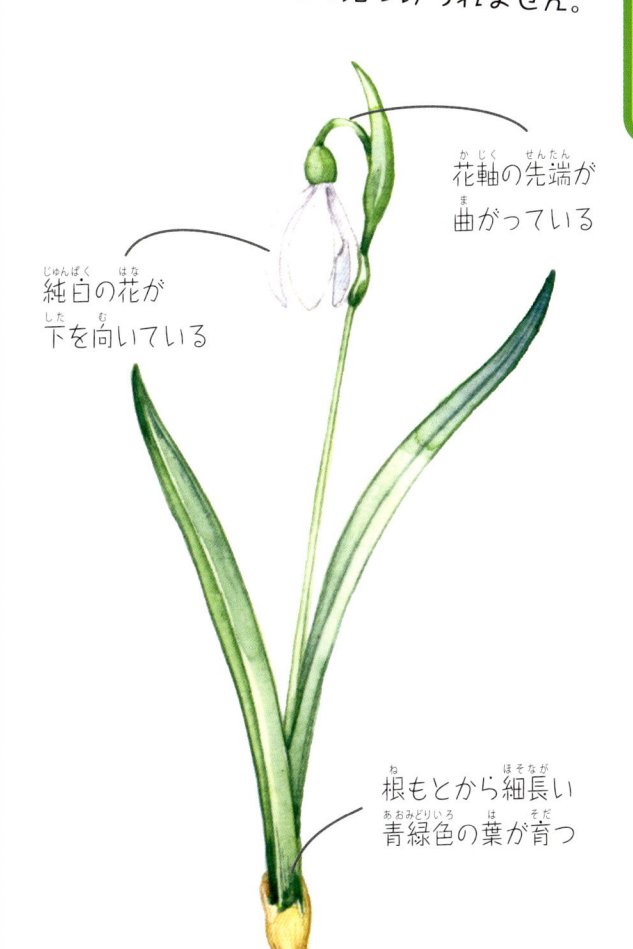

花のデータ

学名	*Galanthus nivalis*
科目	ヒガンバナ科
高さ	15〜25cm
花期	12月末〜3月
果実	多くの小さな種子ができる

花軸の先端が曲がっている

純白の花が下を向いている

根もとから細長い青緑色の葉が育つ

3枚の内側の花びらは、短くてくぼみがあり、先端が緑色をしている

サジオモダカ（アリスマ・プランタゴーアクアティカ）

サジオモダカの花は、昼過ぎにもっともよく見つけることができます。なぜなら、毎日昼から夕方にかけてしかさかない花だからです。水辺の自生地、とくに池のほとりで成長するじょうぶな植物です。スコットランド北部以外の地域でならどこでも見つけられます。

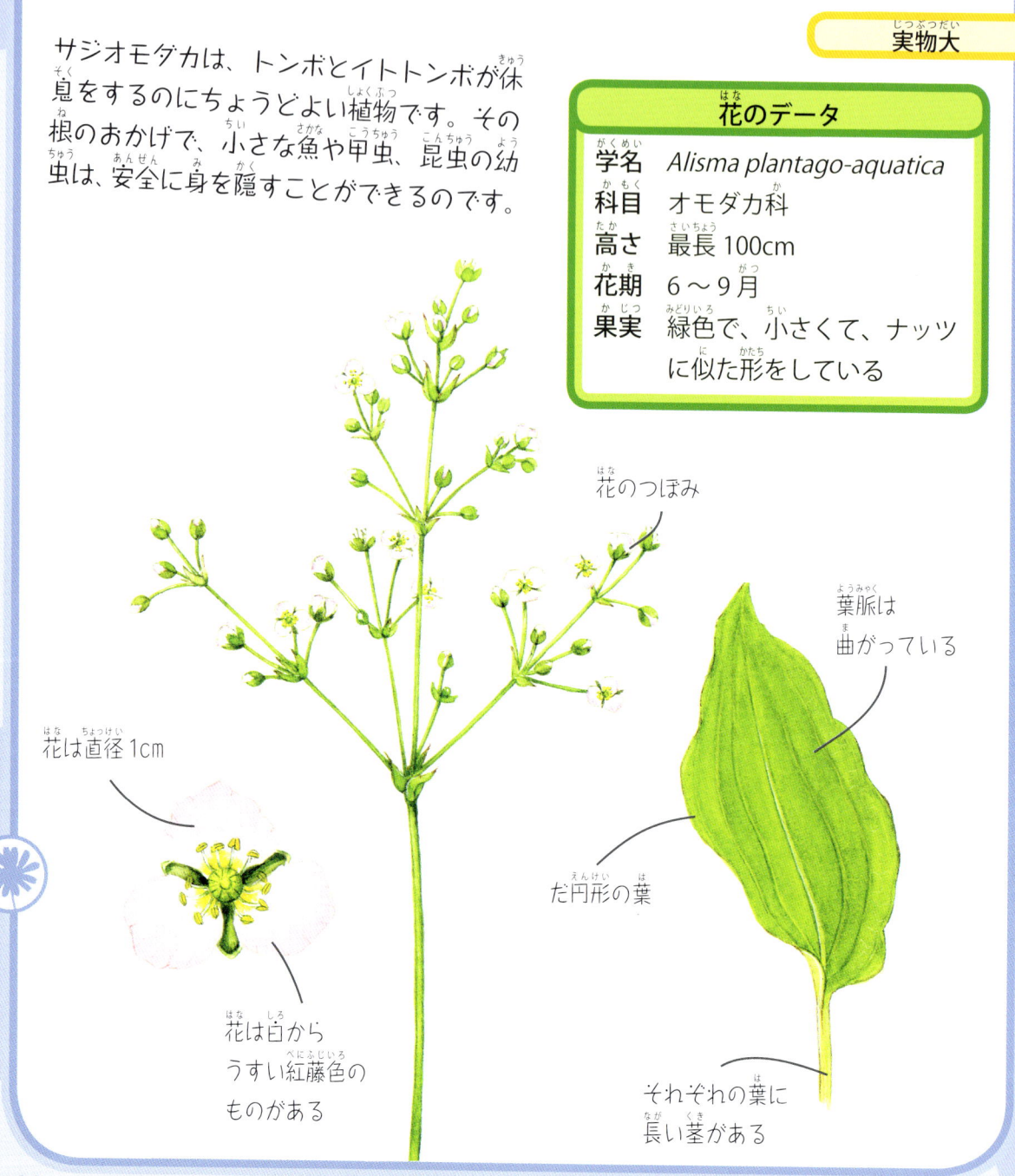

サジオモダカは、トンボとイトトンボが休息をするのにちょうどよい植物です。その根のおかげで、小さな魚や甲虫、昆虫の幼虫は、安全に身を隠すことができるのです。

実物大

花のデータ

学名	*Alisma plantago-aquatica*
科目	オモダカ科
高さ	最長 100cm
花期	6〜9月
果実	緑色で、小さくて、ナッツに似た形をしている

花のつぼみ

葉脈は曲がっている

花は直径 1cm

だ円形の葉

花は白からうすい紅藤色のものがある

それぞれの葉に長い茎がある

ヤブイチゲ

春、まだ多くの木の葉が茂る前に、ヤブイチゲは花をさかせ、森林の地面を飾ります。この花は光に向かうように動くことができるため、太陽が移動すると、それにあわせて向きを変えます。かすかに香りを放ちますが、ヤブイチゲにはみつがありません。そのため、この花にやってきた昆虫は、お腹をすかせたまま立ち去ることになるでしょう。

実物大

ヤブイチゲは、イングリッシュ・ブルーベルと同じ自生地で見つけられます。イングリッシュ・ブルーベルも春に花がさきます。

花のデータ

学名	*Anemone nemorosa*
科目	キンポウゲ科
高さ	最長30cm
花期	3月と4月
果実	枯れた頭花に、種子が密集する

花は直径約2.5cm

それぞれの花に5～10枚の花びらがある

花びら（実際はがく片）は、ピンクがかった色合いをしている

葉をつける茎が長い

それぞれの葉には3つの裂片がある

アオスズラン

このアオスズランは、人目をひく植物です。1つの花の穂が高くのび、多くて100個もの花をつけます。その優美な色あいの花びらは、他のラン科の花と似て、やってくるすべてのミツバチの背中へ花粉をつけるのにうってつけの形をしています。スズメバチがそのみつを集めている姿が見られたり、アリがカップの形をした花をよじのぼって、そのなかに入ることがよくあります。

同じ種類のランであるケファランテラ・ルブラは、普通、日の当たらない場所にはえます。この野の花はとくにめずらしく、イングランド南部のほんの一握りの場所にしか存在していません。

実物大

花のデータ

学名	*Epipactis helleborine*
科目	ラン科
高さ	最長90cm
花期	7〜9月
果実	洋ナシ形

- 花びらのように見えるがく片
- 花はうすい色だが、先端はむらさき色
- 長くのびた花の穂
- 花は直径2cm
- 茎にはやわらかい毛がある
- 葉脈のある、だ円形の大きな葉
- 地表のあたりにある根

アルム・マクラツム

アルム・マクラツムの花は強烈で不快なにおいを発しています。そのにおいで昆虫が寄ってきて、みつを求めて頭花をよじのぼり、なかに入っていくのです。昆虫はみつを探しているときに、雄花の花粉を体にこすりつけ、雌花に受粉します。しかし閉じこめられた昆虫は死んでしまうこともあります。その死がいは仏炎ほうで見つかります。

大きさくらべ

仏炎ほうを切って開くと、肉穂花序の花が見えます。雌花が基部にあり、それよりもっと暗い色をした雄花が真上にできます。

花のデータ

学名	*Arum maculatum*
科目	サトイモ科
高さ	最長 50cm
花期	4月と5月
果実	赤い液果

- 仏炎ほうという、成長する花を保護する厚みのある葉
- 肉穂花序とよばれる花のつき方をした茎
- 肉穂花序は高さ5cm
- 矢の先のような形をした大きな葉
- 毒のある赤い液果
- かたくてまっすぐな茎

ラン（オフリス・アピフェラ）

イングランドとウェールズには野生のラン科の花が約40種類あります。このラン（オフリス・アピフェラ）は、そのなかでもとくによく知られていて、より広い範囲にはえています。1本の茎につき2つから7つの花がつきます。それぞれの花は、あたかも丸々としたマルハナバチがとまっているかのような外見です。このランは、スコットランドではおそらく絶滅してしまいました。

実物大

このランの花は、下側の花びらがミツバチに似ています。オスのミツバチがこれにさそわれてやって来ます。花にとまると、背中が花粉まみれになります。

花のデータ

学名	*Ophrys apifera*
科目	ラン科
高さ	最長30cm
花期	6月と7月
果実	細長くて緑色で、隆起している

- つぼみ
- 上側の花びらは、何かを巻いたような円柱の形をしていて、緑色か茶色が多い
- 下側の花びらにある中央の裂片は、まるでビロードのような感触がある
- 葉は細くて先がとがっている
- 葉のついている茎

エリカ（エリカ・テトラリックス）

この常緑の植物は、一年じゅう葉がついています。葉は茎のまわりで円をえがくようについています。このような葉のつき方を輪生といいます。また、可憐なピンク色の花が、鐘のようにたれ下がっています。花は夏の終わりまでついていて、沼地で色あざやかにさきみだれ、ミツバチをさそっています。

エリカをはじめとしたヘザー（23頁参照）は、冬のあいだも葉がついている傾向があります。花は通常小さくて鐘のような形をしています。

実物大

花のデータ

学名	*Erica tetralix*
科目	ツツジ科
高さ	最長 70cm
花期	7〜9月
果実	小さくて綿毛におおわれた、こげ茶色のさく果

- 卵形の花
- ピンク色の花がたれ下がっている
- 花は大きさ6mm
- 個々の房に多くの花が密集している
- 葉には毛があり、幅がせまくて、ねばねばしている
- 葉は小さい
- 4枚の葉が茎のまわりにいくつも輪生している

ノハラナデシコ

ノハラナデシコの花びらの色は、「サクランボ色」とよく表現されます。一方、茎は灰色がかっています。ノハラナデシコは2年草、つまり生活環が2年の周期をもつ植物です。夏の終わりに、多くて400個の種子をつけます。そして翌年、「ロゼット」という放射状に葉をつけて、その次の年に開花します。

ノハラナデシコと関係がある花に、アメリカナデシコという、庭でよく見られる花があります。その花はノハラナデシコより大きく、色が何パターンもあります。

実物大

花のデータ

学名	*Dianthus armeria*
科目	ナデシコ科
高さ	最長60cm
花期	6〜8月
果実	小さなさく果

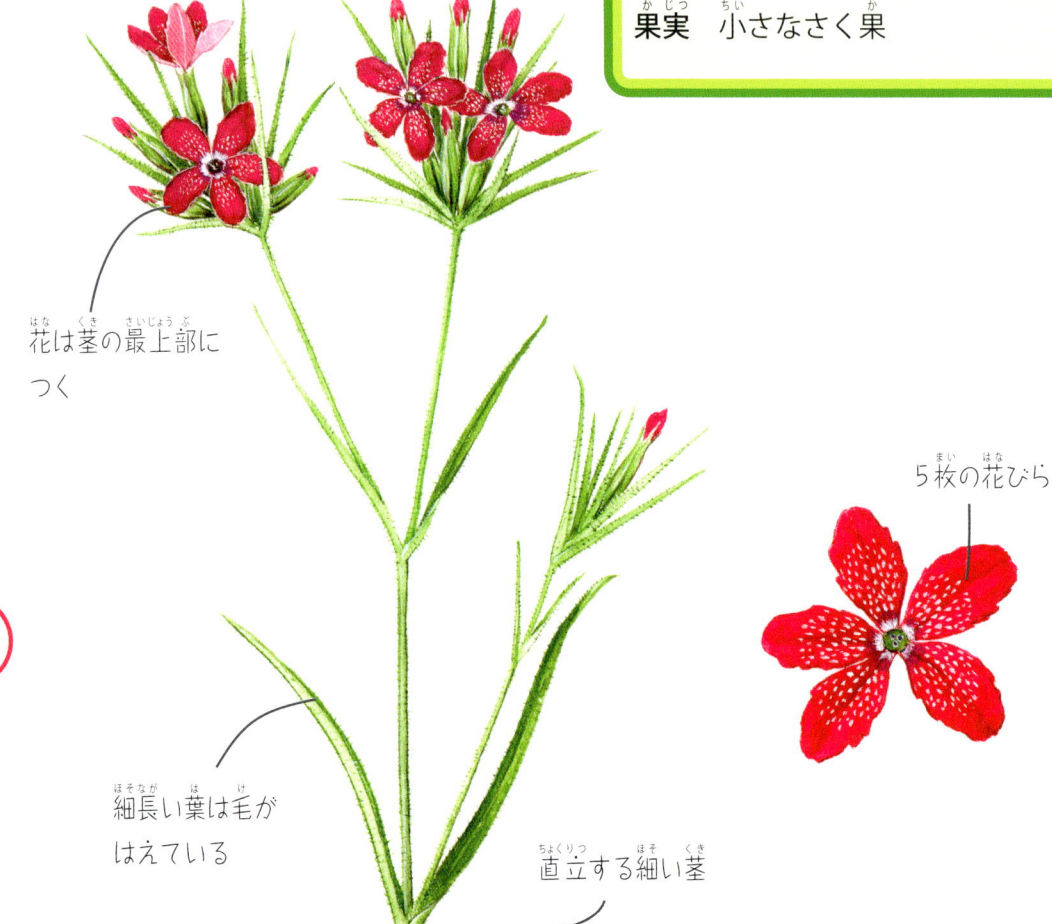

花は茎の最上部につく

5枚の花びら

細長い葉は毛がはえている

直立する細い茎

キツネノテブクロ

この花は簡単に見つけることができます。多くて80個のピンクの花が、穂状花序で細長くぎっしりとついているからです。「キツネノテブクロ」という名は、この花が筒形で、キツネのための小さな手袋のようだと言われることからつけられました。うす緑色をした大きな葉は、上のほうにあるものはやわらかく、下のほうにあるものは綿毛でおおわれています。

ミツバチは、キツネノテブクロの花のなかに入ると全身花粉まみれになります。そして、花粉を他の花に運びます。運んでいるうちに卵細胞に受粉し、それがのちの種子となります。

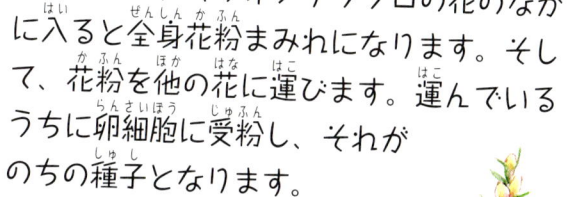

実物大

花のデータ

学名	Digitalis purpurea
科目	ゴマノハグサ科
高さ	40〜150cm
花期	6〜8月
果実	緑色のさく果

- ピンクがかったむらさき色の花
- 果皮
- 総状花序(穂状花序の1つ)で、20〜80個の花をつける
- 花は長さ4cm
- 花の内部は、白い部分やむらさき色の斑点があり、毛がはえている
- 茎と葉は綿毛でおおわれている

オオアカバナ

オオアカバナは異常なほど草丈が高い野の花です。そのため、イギリス全土のしめった場所で簡単に見つけられます。ただし、最北西部だけは例外で、この地域にはめったに育ちません。種子から育つことも可能ですが、土のなかにある根茎というふくらんだ根でも増えることができます。そして、大きくて色あざやかな、花の一群がうまれるのです。

この花は、ピンクと白の花であることから、英語で「コドリン・アンド・クリーム（codlins-and-cream）」とよばれています。「コドリン」は淡紅色のリンゴのことです。ミルクで煮て、クリームとあわせて食卓に出されていました。

実物大

花のデータ

学名	*Epilobium hirsutum*
科目	アカバナ科
高さ	最長 200cm
花期	7月と8月
果実	種子の入ったやわらかい豆果ができ、種子は風で運ばれる

- 淡紅色に近いピンク色の花びらには、ミツバチやヒラタアブが寄ってくる
- 花のない茎
- 花は直径 25mm
- クリーム色に近い白色の柱頭
- 細長くて先のとがった葉
- 毛におおわれた茎と葉

カルーナ・ブルガリス

カルーナ・ブルガリスは、しめった場所でも乾燥した場所でも見つけることができます。成長すると枝の多い低木になり、それぞれの低木は高さ100cm、幅100cmに達することがあります。葉は冬のあいだもついています。また、白などの色の花は、秋までさき続けることができます。この種は「ヘザー」や「ギョリュウモドキ」ともいわれています。

かつてはカルーナ・ブルガリスを動物の寝わらとして利用したり、1つにたばねてロープやほうきをつくったり、屋根を葺く材料にしたりしました。

実物大

花のデータ

学名　　*Calluna vulgaris*
科目　　ツツジ科
高さ　　50～100cm
花期　　7～9月
果実　　さく果

花は細長い穂の状態で成長する

葉は列をなす

花は直径4mm

鐘のような形の花

茎は木のようになっている

ヒメフウロ

ヒメフウロは逆境にあっても生き抜ける植物です。日当たりのよい場所でもよくない場所でも枯れず、冬が温暖でも乗り切ることができます。夏が終わると枯れてしまう他の多くの野の花とはちがいます。育つときに土の種類に左右されないので、イギリス全土で一般的な植物となっています。

ヒメフウロは秋に赤くなります。とても可憐な花ですが、他の植物に光が届かないようにして、弱い植物を絶やし、あっという間に周囲の土地をうめつくすことができます。

実物大

花のデータ

学名	*Geranium robertianum*
科目	フウロソウ科
高さ	10～50cm
花期	4～10月
果実	細長くて毛がある

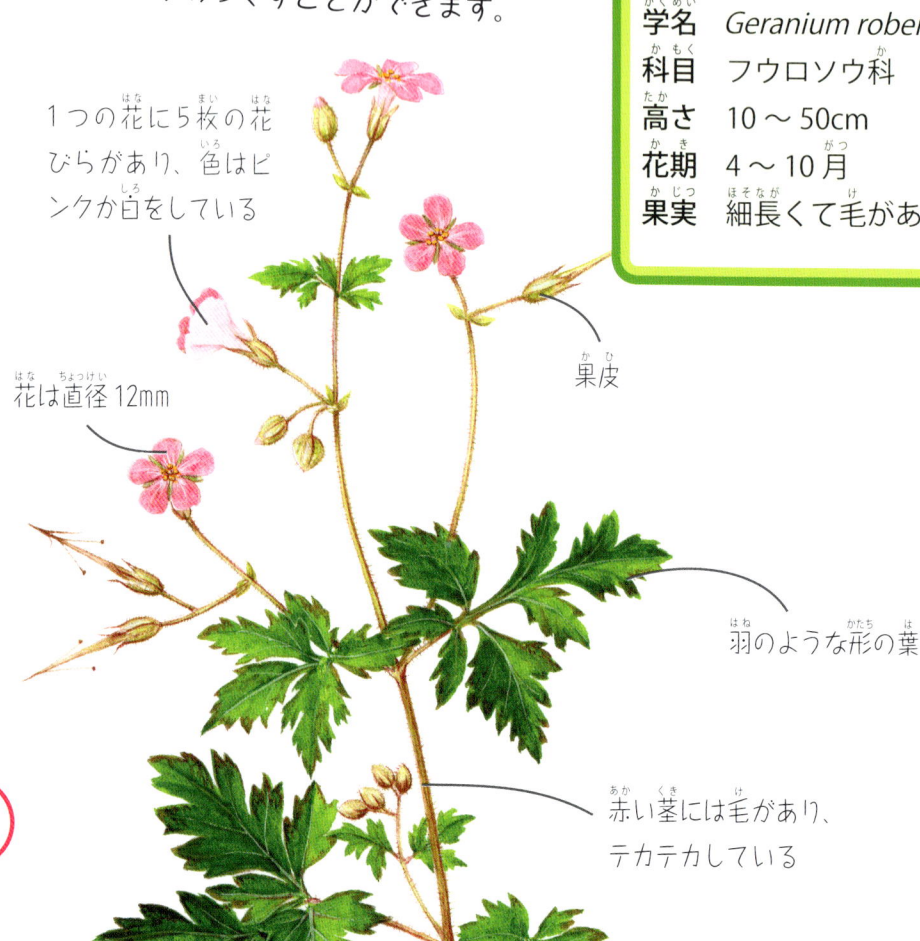

- 1つの花に5枚の花びらがあり、色はピンクか白をしている
- 花は直径12mm
- 果皮
- 羽のような形の葉
- 赤い茎には毛があり、テカテカしている

オニツリフネソウ

オニツリフネソウは、ヒマラヤの山地からもちこまれ、1839年にイギリスに入ってきました。この植物はとりわけ背の高い野の花の1つです。イギリス全土で見られますが、とくにイングランドとウェールズで見ることができます。イギリスの一部の地域では、自生の植物を負かして、その土地をうばってしまう雑草として扱われます。

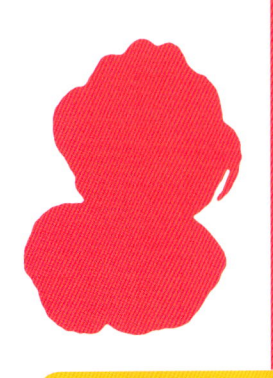

一部では、オニツリフネソウは「ミツバチのおしり (bee-bums)」とよばれています。ミツバチが花の内側をさぐってみつを集めているときに、外からはその長い尾しか見えなくなるからです！

実物大

花のデータ

学名	*Impatiens glandulifera*
科目	ツリフネソウ科
高さ	100～200cm
花期	7～10月
果実	裂けて種子を放出する豆果

花は直径3cm

ランのような花

裂けて種子を放出する豆果

ふちがギザギザしている細い葉

茎は赤みをおびている

エゾミソハギ

エゾミソハギはしめった場所に密集しています。赤むらさきに近いピンク色の花が、穂状花序で、緑色の葉の上に高くまっすぐついています。多年草、つまり枯れるまでの期間が2年をこえる植物で、花は夏のあいだじゅうさき続けます。

エゾミソハギが密集しているところには多くの種類の野生生物が寄ってきます。例えば、マルハナバチやミツバチ、ヤマキチョウ、ベニスズメがやってきます。

実物大

花のデータ

学名	*Lythrum salicaria*
科目	ミソハギ科
高さ	最長 200cm
花期	6～8月
果実	小さな種子が入ったさく果

花びらは赤味がかったピンク

6枚の花びら

花は直径15mm

直立する茎に花がつく

細長い葉が向かいあってついている

ヒロハノマンテマ

ヒロハノマンテマの花は、多くの場合、赤よりピンクに近い色をしています。それぞれの頭花に5枚の花びらがありますが、花びらがとても深く裂けているときは、もっと枚数が多いように見えます。花には、マルハナバチ、チョウ、ガがやってきます。あまいみつをいつも吸っているのです。

ヒロハノマンテマは、イングリッシュ・ブルーベルがさき終わるころに開花します。ヤブイチゲ、イングリッシュ・ブルーベル、ヒロハノマンテマのはえている森林地帯は、春から秋にかけて白、青、ピンクという色合いに変化していきます。

実物大

花のデータ

学名	*Silene dioica*
科目	ナデシコ科
高さ	最長100cm
花期	3〜10月
果実	丸いさく果

花びらはピンク色で、ときどき先端が赤いものもある

花は大きいもので直径25mm

茎は長くて毛があり、少しねばねばしている

さく果

だ円形で毛のある葉が向かいあってついている

ハマカンザシ

密集してマットのようになった葉の上方に、綿菓子のような頭花をつけた花です。きわめて乾燥した場所で育つことができるめずらしい植物で、とくに海岸で成育します。密生する葉が、甲虫などの昆虫の安全なすみかとなり、ピンク色の花にはミツバチがやってきます。ハマカンザシが群生すると、その葉は、やわらかいクッションのようになります。

民間伝承によれば、庭にハマカンザシがはえている家の人は絶対に貧乏にならないそうです。この花の英語名でもある「スリフト（thrift）」という言葉には、「節約」という意味があります。お金の管理にちなんで、この名はつけられました。イギリスの古いコインのうら側には、この花が描かれていました。

実物大

花のデータ

学名　Armeria maritima
科目　イソマツ科
高さ　最長 20cm
花期　4～10月
果実　さく果

長くて毛の生えた茎

小さな花をたくさんつけた丸い頭花

頭花は直径 2cm

つぼみ

小さくて細い葉

複数の花がたった1本の根から育つ

葉はロゼット状になる

クロバナロウゲ

クロバナロウゲの深いピンクまたは赤い花は、他のどの花ともちがいます。星のような形をしていて、赤むらさき色のまっすぐな茎の先端にできます。がく片が5枚あり、さらに小さなむらさき色の花びらがその上で層をなしています。乾燥したところで育つ他のキジムシロ属の花は、黄色くて、星の形にはなりません。

この植物は花がまさに特徴的ですが、開花していないときでも葉で見分けることができます。葉は大きくてギザギザしていて、たいてい5つの小葉に分かれているのです。

実物大

花のデータ

学名	*Potentilla palustris*
科目	バラ科
高さ	20〜50cm
花期	6月と7月
果実	かわいており、小さくて紙のようにうすい

がく片

花は直径2cm

上のほうの葉は小葉が3枚しかない場合がある

1番低い位置の小葉は5枚からなることがある

アキザキフクジュソウ

キンポウゲの一種であるアキザキフクジュソウには、5～8枚のつやがある深紅の花びらと、羽のような葉があります。8月に入る前に花が枯れ、かわりに大きな果皮ができます。種子は、地面に落ちるとそこで次の春まで活動をとめます。これを「休眠」といいます。この植物は数年間休眠することさえあります。

アキザキフクジュソウはめったに見られません。1本につき重い種子が2、3個しかできないため、簡単には新しい地域に運んでもらえないのです。また、人間が化学物質を使ってきたせいで、多くの地域で死に絶えてしまいました。

実物大

花のデータ

学名	*Adonis annua*
科目	キンポウゲ科
高さ	最長 40cm
花期	6～8月
果実	大きくてしわが寄っている

- 中心が黒い
- 赤い花びらは基部が黒い
- 花は直径3cm
- 大きな果皮
- 羽のような、繊細なつくりの葉

ヒナゲシ

ヒナゲシの花びらは深紅で、紙のようにうすく、基部が黒いことがよくあります。それぞれの長くて毛のはえた茎の頂部に花が1つつきます。葉は独特で、まるで羽のようであり、ふちがギザギザしています。

ヒナゲシは農地でよく見られます。なぜなら、この花は自然の状態ではない土壌でとくによく育ち、その上、農場の刈り入れが始まる前に、花をさかせて種子を作ることができるからです。

実物大

花のデータ

学名	*Papaver rhoeas*
科目	ケシ科
高さ	40〜80cm
花期	6〜8月
果実	丸いさく果

- 4枚の花びら
- 花は直径7cm
- さく果の上部を下に向けている
- がんじょうな果皮
- 茎には毛がはえている
- 細長い葉は、裂け目があるため、羽のように見える

アカバナルリハコベ

アカバナルリハコベの花は赤くて小さく、見過ごしてしまいがちです。植物そのものも小さく、丈が低く、茎が地面をはうようにして不規則に広がっていきます。花の内側にはむらさき色の毛があり、夏には多くの昆虫がそこに寄ってきます。アカバナルリハコベはイギリス全土で一般的ですが、スコットランドで見つけられるのは、たいてい沿岸です。

実物大

気圧が下がると、アカバナルリハコベは花を閉じます。これは雨になる前兆です。また、花は朝に開いて昼下がりに閉じるので、この花を見れば時間がわかります。

花のデータ

学名	*Anagallis arvensis*
科目	サクラソウ科
高さ	最長 20cm
花期	5〜9月
果実	小さな茶色のさく果

あざやかな深紅の花

花は直径 4〜7mm

葉は卵形

地をはう茎

葉のうら面には黒い斑点がある

イングリッシュ・ブルーベル

この花は通常青い色をしていますが、すみれ色、ピンク、白の場合もあります。深緑色においしげった葉から、花が穂状花序で成長します。それぞれの穂には、4個から16個の鐘の形をした花が集まっています。イングリッシュ・ブルーベルはかつて一般的な花でした。しかし、もともとこの花がさいていた多くの森は、人間に花を摘まれ、球根を掘り出されたせいで、環境破壊が続いています。

実物大

春になると、森林の地面が美しいイングリッシュ・ブルーベルでうめつくされます。それは実に見事な光景です。

花のデータ

学名	*Hyacinthoides non-scripta*
科目	ユリ科
高さ	10～40cm
花期	4～6月
果実	さく果

- 花は長さ15mm
- 花は開くとうなだれて、鐘のようになる
- つぼみの状態のときは、穂状花序（総状花序）の花は直立している
- 紙のようにうすい果皮
- 葉は長く、じょうぶでつやがある

ベロニカ（ベロニカ・ベクカブンガ）

ベロニカは地をはって育つ植物です。茎が地面に沿って成長していきます。その茎にある節というところから根が育ちます。花軸はまっすぐにのびて、夏のあいだ星の形の花をつけます。花びらは通常青色ですが、ピンク色のものも育ちます。また、それぞれの花の中央に、「目」に似た白い部分があります。

実物大

ベロニカはしめった地面や水域で育ちます。この葉と茎が、沼で暮らす小さな動物、例えば昆虫やオタマジャクシの身を守っています。

花のデータ

学名	*Veronica beccabunga*
科目	クワガタソウ属の水生植物
高さ	最長 30cm
花期	5〜9月
果実	丸くて平たいさく果

- 小さくて青い花
- 4枚の花びら
- だ円形をした、厚くてやわらかい葉
- 花は直径3cm
- 根
- 地をはう茎

セイヨウキランソウ

この植物の緑色の葉は、まるでマットをしいているかのように密集して、地面を埋めつくします。花軸が上に向かってのび、房をつけたたくさんの小さなむらさき色の花が育ちます。花は、ピンクや白い色をしたものが時折あります。葉の色が変わっていて、こい緑色の上に、むらさき色の光沢がついています。この植物のまわりには、みつを求めるチョウがよくひらひらと飛んでいます。

一部の地域で、セイヨウキランソウは「大工の薬草（carpenter's herb）」とよばれています。かつて止血に使われていたからです。人々はそれを目的として、この植物をよく庭で育てていました。

実物大

花のデータ

学名	*Ajuga reptans*
科目	シソ科
高さ	最長 20cm
花期	4〜6月
果実	乾燥したかたい果実

- 房のある小さな花々が、茎のまわりについて育つ
- 花の大きさは 15mm
- 茎はかたくてまっすぐで、毛がはえている
- 低い位置の葉には茎がある
- かたくて小さい頭花
- 新しい葉は地をはう茎から育つ

35

ムシトリスミレ

このすみれ色の花には、ミツバチが寄ってきて受粉をします。葉にはねばり気があり、ハエなどの小さな昆虫を引き寄せると、のりのようにくっつき、息ができないようにします。その後、葉は昆虫に巻きつき、化学物質をつくりだして、昆虫の体を溶かしていきます。そして、溶かしたものを栄養にして、この植物はさらに成長していくのです。

実物大

地面についている1つのロゼット葉から茎が育ち、その茎1本から花が成長します。

花のデータ

学名	*Pinguicula vulgaris*
科目	タヌキモ科
高さ	最長15cm
花期	5〜8月
果実	がんじょうな、だ円形のさく果

ろうと形の花

花は直径12mm

白い基部

根もとにはロゼット葉がはえている

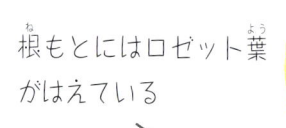

葉は黄緑色で、ねばねばしている

セイヨウオダマキ

セイヨウオダマキの花は、背の高い茎の上につきます。花の中心部は5枚の花びらで構成され、そのまわりを色づいたロゼット葉が取り囲んでいます。そして、下を向いた、見事な花をつけます。野生のセイヨウオダマキは紺色からむらさき色で、芳香を放ちます。

セイヨウオダマキには毒があります。しかし、かつては消化不良の治療や痛み止めに使われていました。また、セイヨウオダマキの花束を運ぶと、人は恋に落ちると考えられていました。

実物大

花のデータ

学名	*Aquilegia vulgaris*
科目	キンポウゲ科
高さ	最長100cm
花期	5～8月
果実	かわいていて小さいが、多くの種子をつける

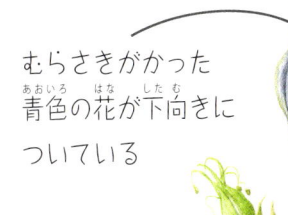

むらさきがかった青色の花が下向きについている

花は長さ35mm

葉は灰色がかった緑色で、裂けている

葉のない茎

葉は根もとにまとまって成長する

ヤグルマギク

ヤグルマギクは、とてもあざやかな青い花をさかせます。そのため、英語では青の色あいを表すときに、ヤグルマギクの名前「コーンフラワー（cornflower）」を使うことがあります。それぞれの花は、実際にはいくつもの小さな花が1つに集まったものです。このような小さな花を小花といいます。外側の小花は、青色からむらさき色のものまであり、内側の小花はわずかに赤みがかっています。ヤグルマギクはかつて農場にごく普通にありましたが、今ではめったに見られなくなりました。

かつて薬草療法では、ヤグルマギクは目の治療に使われていました。また、恋する若い男性がこの花をよくボタンホールにさしていました。

実物大

花のデータ

学名	*Centaurea cyanus*
科目	キク科
高さ	40〜90cm
花期	6〜8月
果実	小さい

- 房になっている頭花
- 花は直径25mm
- 内側の小花
- 外側の小花
- 茎は頭花の真下の部分がふくれている
- 葉は茎の上に向かって交互にはえる
- 葉は細長く、灰色がかった緑色

マツムシソウモドキ

マツムシソウモドキの丸い花は、1つの花ではありません。たくさんの小さい小花がすべて1つに集まっているのです。花びらは通常むらさきがかった青色ですが、ときどきピンクに近いものもあります。それぞれの花にある小さな葯が、花びらの上から突き出ています。この花にはマルハナバチが寄ってきます。なぜなら、マルハナバチは他のどの色よりも、むらさき色の花を好むからです。

実物大

この花には昆虫が寄ってきます。花のつくり出すあまいみつを日常的に吸っているからです。そのお返しに、昆虫は受粉をします。

花のデータ

学名	*Succisa pratensis*
科目	マツムシソウ科
高さ	10〜75cm
花期	6〜9月
果実	かわいていて、紙のようにうすい

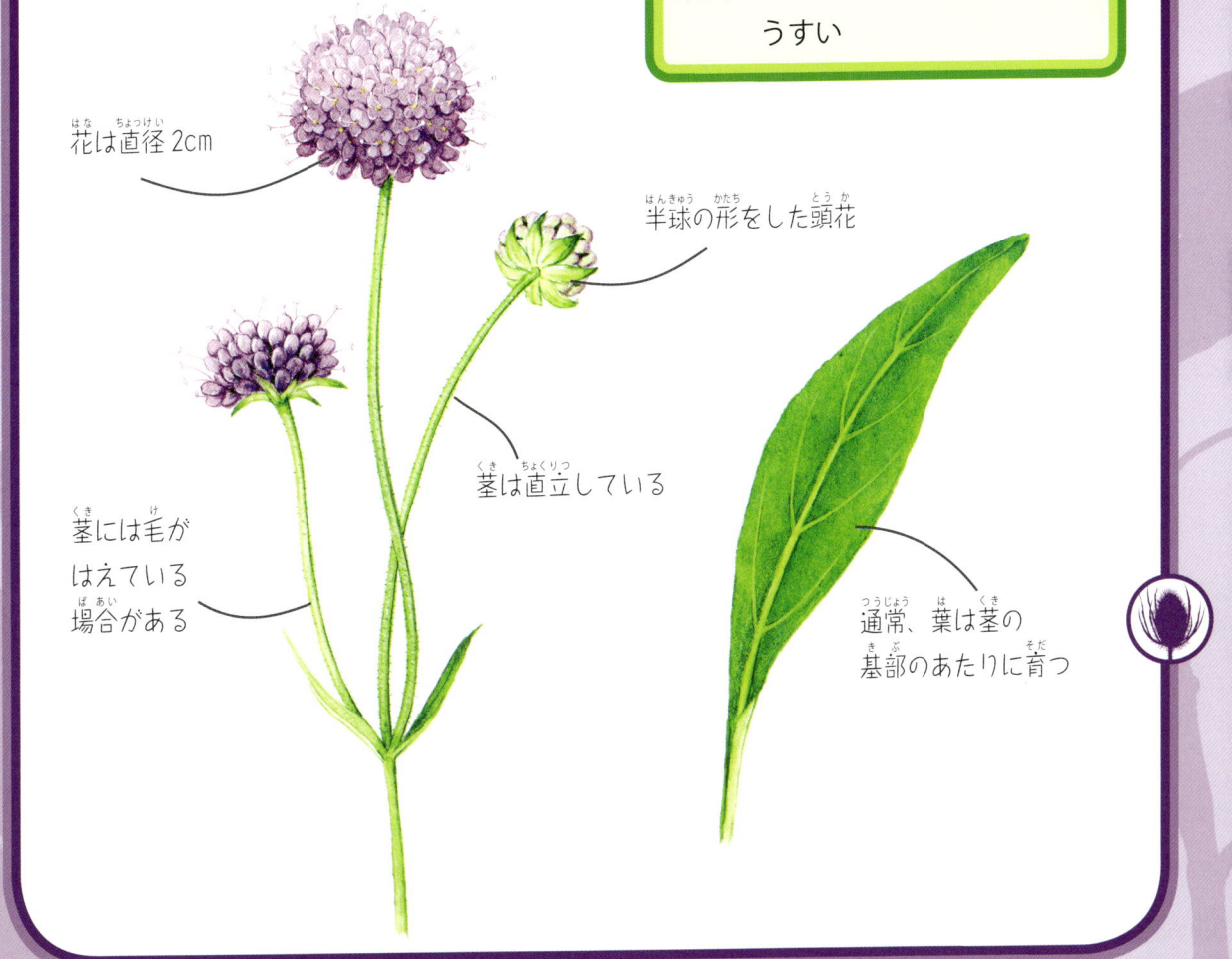

花は直径2cm

半球の形をした頭花

茎は直立している

茎には毛がはえている場合がある

通常、葉は茎の基部のあたりに育つ

39

イトシャジン

イトシャジンの花は繊細で、わずかな風にも揺れます。それぞれの茎に1つしか花をつけない場合もありますが、穂状花序でいくつかの花が育つ場合もあります。葉は、花の近くにあるものは細長くなりますが、根もとの近くにあるものは丸い形になります。地面のあたりでは、地をはう茎が太くなっています。冬を越せるように養分を貯めているのです。

イトシャジンは何年も生きていくことができます。それは、根茎が育つおかげです。地から上の部分は秋になると枯れていきますが、この部分は地中で生き残り、春になったら新たな茎が出てくるのです。

実物大

花のデータ

学名	*Campanula rotundifolia*
科目	キキョウ科
高さ	10～40cm
花期	7～10月
果実	さく果

花びらは青いが、時折白いものがある

たれ下がっている花

葉には、なめらかなものと、ふちが浅くギザギザしているものとがある

茎の基部のあたりにある葉は、こい緑色で丸い

ビオラ（ビオラ・パルストリス）

この花はパンジーと似ていますが、パンジーよりも少し小さいです。ビオラの花は、うすむらさき色かすみれ色で、低い位置の花びらには深いむらさき色のすじがあります。花が枯れると花びらが落ちますが、5枚のがく片と、成長するさく果は茎に残ります。ヒョウモンチョウの毛虫はこの植物を食べます。

野生のパンジーもスミレ科で、かわいた草地や庭で育ちます。花は、すみれ色か黄色、もしくはこの2色の組み合わせたものがあります。

実物大

花のデータ

学名	*Viola palustris*
科目	スミレ科
高さ	5〜20cm
花期	4〜7月
果実	卵形

- 直立した4枚の花びら
- 茎は頂部がうなだれている
- 長い茎
- 花は直径12mm
- 低い位置の花びらは大きくて裂片がある
- 葉は腎臓の形、もしくは丸い形をしている

ノハラフウロ

むらさきがかった青色のノハラフウロは、密集しているこい緑色の葉よりもずっと上のほうに花をつけて、色あざやかな夏景色を演出します。この花はイギリスじゅうで育ちます。もっとうすい色で、見た目が似ている花として、ウッドクレーンズビルがありますが、こちらはイングランド北部とスコットランドでしか見つけられません。

実物大

フウロソウはゼラニウムともいわれます。この花は何年も枯れず、どんどん増えていきます。ゼラニウムは、ほとんどの花が青またはすみれ色、むらさき、ピンク色をしています。

花のデータ

学名	*Geranium pratense*
科目	フウロソウ科
高さ	20〜80cm
花期	6〜9月
果実	小さいが、長い「くちばし」がついている

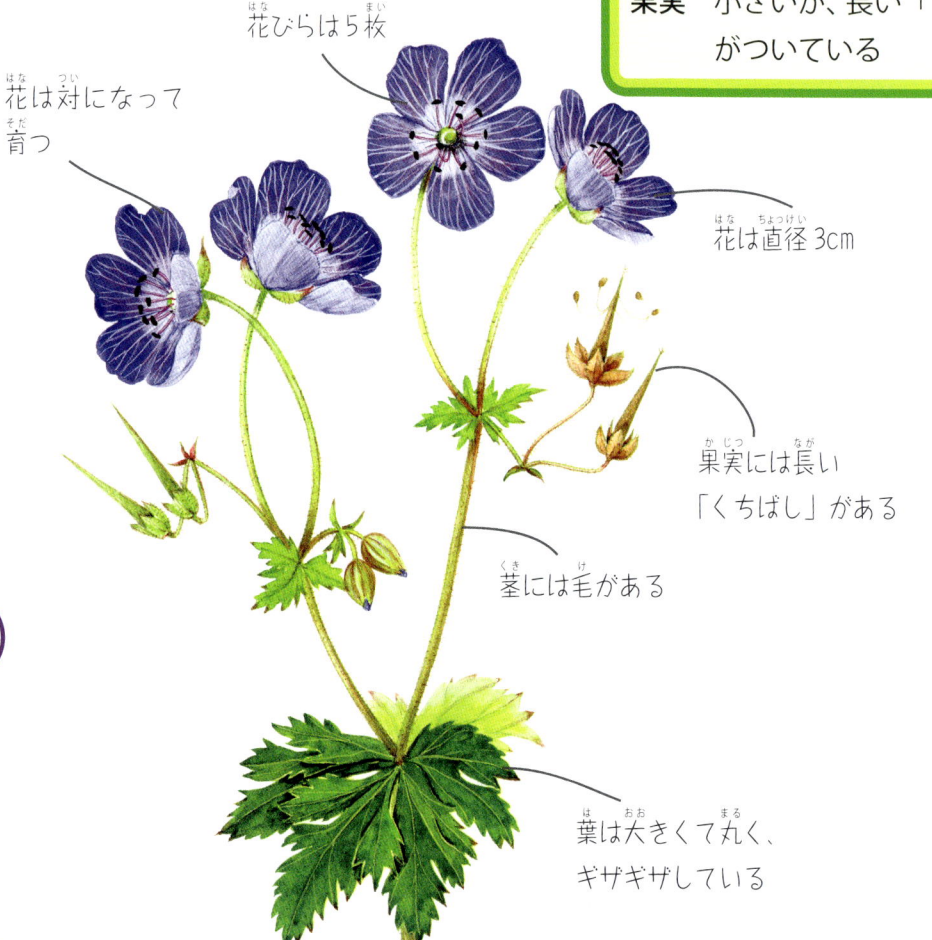

- 花は対になって育つ
- 花びらは5枚
- 花は直径3cm
- 果実には長い「くちばし」がある
- 茎には毛がある
- 葉は大きくて丸く、ギザギザしている

ハマエンドウ

ハマエンドウは可憐な姿をしているので、石や岩の多い浜辺のかわいた地面に色をそえてくれます。つくりが細かい葉と巻きひげが群生して、2mもの幅に広がることもあります。ハマエンドウの花は、3年目の夏をむかえる前にさくことがほとんどありません。エンドウマメのような種子は、海水にのって新たな地域に運ばれ、新しい植物に成長しはじめるまで、長くて5年も種子のままで生きることができます。

実物大

種子は、長くて5年間水のなかにあったとしても発芽できます。

花のデータ

学名	*Lathyrus japonicus*
科目	マメ科
高さ	最長20cm
花期	5〜8月
果実	種子の入っている豆果

多くて9つの花が1つに集まる

巻きひげ

豆果には最多で8個の種子が入っている

青緑色の葉

だ円形の葉が茎に沿って並んでいる

オニナベナ

オニナベナが花をつけるのは2年目だけです。1年目は、地面に大きなロゼット葉が育ちます。そして2年目に、ロゼットから太くて長い茎が成長し、頭花をつけるのです。そののち、ロゼットは枯れて根だけになり、とげの多い葉が向かい合って花軸につき、成長します。

オニナベナはゴシキヒワにとくに好まれています。そうぞうしく、色あざやかなこの大胆な鳥は、オニナベナのカサカサした上の部分に集まって、なかにある種子をごちそうとして食べます。

実物大

花のデータ

学名	*Dipsacus fullonum*
科目	マツムシソウ科
高さ	最長200cm
花期	7月と8月
果実	かわいた頭花に、多くのかわいた果実がつく

- 頭花の大きさは7cm
- とげの多い葉と花軸
- 大きさ約7cmの頭花は、むらさき色の花々がついている
- 葉は茎がついておらず、対になって育つ

クサフジ

他のマメ科の草木と同じように、クサフジには、たくさんのだ円形の小葉が1本の茎に向かい合ってついています。葉は、数枚の小葉からなり、その先端からうずまき状に巻きひげがのびます。このひげのおかげで、マメ科の植物は上へとはいのぼっていくことができ、他の植物に当たる太陽の光をさえぎって、その光を独占します。小葉と茎のつなぎめに、青むらさきの花が密集してついています。

クサフジは、「牛のソラマメ（cow vetch）」ともいわれています。家畜の飼料にもなるからです。クサフジが育つのは、シカが歩き回るような野生の森林です。他のマメ科の植物のように、土をよい状態にしてくれます。

実物大

花のデータ

学名	*Vicia cracca*
科目	マメ科
高さ	30～200cm
花期	6～8月
果実	あざやかな緑色の豆果

片側が穂状花序で、花が密集している

青むらさきの花

花の大きさは1cm

長くて毛のある豆果

枝分かれしている巻きひげ

最多で12対の小葉が1本の茎についている

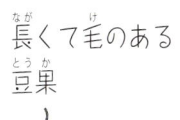

キバナノクリンザクラ

この花は、かつては広い地域で見つけることができましたが、近年あまり見られなくなっています。キバナノクリンザクラは、基部に大きくてしわのついたロゼット葉があり、長い茎の上のほうに密集した黄色い花があります。今日では、秋まで生け垣や草地の草花を切らずに残すことが多いため、このような花が生き残る可能性が高くなっています。

伝統医学では、キバナノクリンザクラがせきや頭痛を治すために長いあいだ利用されてきました。またワインの原料にしたり、料理に風味や色をそえたりするために使うこともできます。

実物大

花のデータ

学名	*Primula veris*
科目	サクラソウ科
高さ	10～30cm
花期	4月と5月
果実	さく果

黄色い花々が1つにまとまっている

長い茎

筒形のがく片

花は直径12mm

それぞれの葉の長さは約12cm

ロゼット状の、厚くてしわのある葉

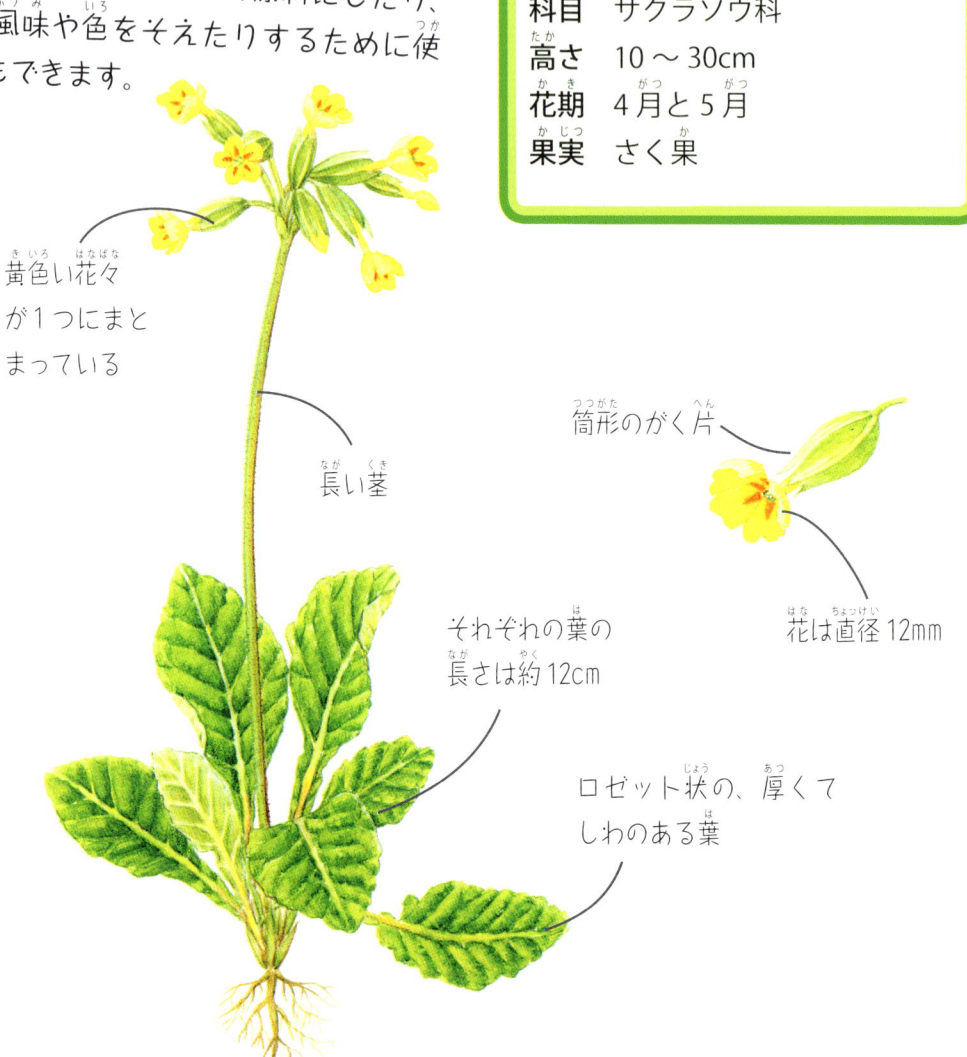

セイヨウタンポポ

花のさく植物のなかでもとくに有名なものに、セイヨウタンポポがあります。この花は、庭や公園や森林で見つけられます。雑草とみなされることもよくありますが、そのあざやかな黄色の花は受粉をする多くの昆虫に好まれます。それ以外にも、ウサギをはじめとした野生生物が、花も葉もどちらも食べます。セイヨウタンポポは、主根のすぐ上にある中心部から葉と花軸が出ている、ロゼットという形状になっています。

セイヨウタンポポは、英語で「ダンデライオン」という名称がつけられています。これはフランス語の「ダン・ド・リオン」という昔からあるよび名からきています。「ダン・ド・リオン」は「ライオンの歯」という意味です。セイヨウタンポポの葉のまわりが、ライオンの鋭い歯の列に似ていることが由来になっています。

実物大

花のデータ

学名	*Taraxacum officinale*
科目	キク科
高さ	5～74cm
花期	3～10月
果実	綿毛のある小さな種子ができる

- セイヨウタンポポの種子は、軽くてふわふわしている
- あざやかな黄色の花
- 厚くてやわらかい花軸は中が空で、内部には白い液汁がある
- 中央の茎のまわりにはロゼット状の包葉がある
- 長い茎
- 裂片がある葉

ヒペリクム・リナリフォリウム

黄金色の花がさき、それぞれに5枚の花びらがあります。花が枯れて根だけになると、さく果が割れ、多くて250個の小さな種子が放出されて風で運ばれます。この植物はイギリスではめったに見られず、北ウェールズの一部、イングランド南西部のダートムア、その他分散するわずかな地域で見つけられるだけです。

オトギリソウ科のなかでより一般的なものは、ヒペリクム・リナリフォリウムと似ていても、たいてい葯がもっとわかりやすく、1mの高さに成長することがあります。

実物大

花のデータ

学名	*Hypericum linarifolium*
科目	オトギリソウ科
高さ	最長30cm
花期	6月と7月
果実	茶色いさく果

黄色、またはオレンジがかった黄色の花びら

細長い雄しべ

花は直径8〜12mm

葉は細くて直立している

葉の長さは、最長で30mm

ヒメリュウキンカ

ヒメリュウキンカは森林などの自生地で見つけられます。まばらにロゼット状にはえて、茎の頭部にはあざやかな黄色の花がさきます。しかし、いったん花がさき終わると、枯れて根だけになります。花は8〜12枚の小さな花びらがあり、太陽が照っているときだけ開きます。

実物大

ヒメリュウキンカは、野の花のなかで早い時期に開花するものの1つです。この花から昆虫は食べるものを手に入れます。とくに、冬眠から目覚めたばかりの、お腹をすかせたマルハナバチがそうです。

花のデータ

学名	*Ranunculus ficaria*
科目	キンポウゲ科
高さ	2〜20cm
花期	3〜5月
果実	頂部に丸い種子がつく

- 花は直径2〜3cm
- 8枚の花びらが黄色い雄しべを取り囲んでいる
- 葉は緑色でつやがある
- 葉はハート形

シベリアリュウキンカ

シベリアリュウキンカはたくましく、日かげでも日向でも育ちますが、しめった土をより好みます。深緑色をした輝く葉の大きな集まりをいくつもつくり、頂部には金色に輝く花をさかせることができます。かつてはよく見られましたが、この花が自生していた沼地や湿地は、その多くが姿を消してしまいました。

5月にはこの色づき輝く花を、戸口に散らせることがありました。また、イボをとりのぞいたり、風邪を治療することにも使われました。

実物大

花のデータ

学名	*Caltha palustris*
科目	キンポウゲ科
高さ	20～30cm
花期	3～7月
果実	さく果

- 花は直径25mm
- 5枚の黄色いがく片
- 腎臓の形をした葉
- じょうぶでまっすぐな茎

イチゲサクラソウ

イチゲサクラソウは、花びらが黄色く、バターのようなうすい色をしていますが、基部のあたりはオレンジ色になります。学名は「プリムラ（primula）」で、これは「小さい最初のもの」を表すラテン語に由来しています。英語名の「プリムローズ（primrose）」には「最初にさくバラ」という意味があります。イチゲサクラソウは早春にさく花の1つで、周囲に他の花がほとんどさいていないときに開花します。

実物大

イチゲサクラソウの花びらは、それぞれ基部がオレンジがかった黄色をしています。そのため、1つ1つの花の中心部が金色に見えます。ロゼット葉の中央から複数の細い茎が出て、それらの頂部に多くの花がさきます。

花のデータ

学名	*Primula vulgaris*
科目	サクラソウ科
高さ	10～30cm
花期	3～6月
果実	さく果

花は直径25mm

花びらは5枚で裂片がある

ロゼット葉

縮れた、だ円形の葉

ヨウシュツルキンバイ

ヨウシュツルキンバイは草木のない土にはうように広がって育つ植物です。葉は羽のようで、たくさんの対になった小葉に分かれており、銀色の細い毛で全体がおおわれています。「ほふく茎」という地をはう長い茎が、葉や花の下にある地表で成長していきます。ヨウシュツルキンバイは薬草療法で使われたり、その根からお茶がつくられたりしました。

実物大

ヨウシュツルキンバイは、多くの昔話や民間伝承に出てきます。役に立つ植物とみなされていて、葉は、足がむれるのを防ぐために、なんと靴に入れられていました！

花のデータ

学名	*Potentilla anserina*
科目	バラ科
高さ	5〜20cm
花期	5〜8月
果実	かわいていて、紙のようにうすい

- 5枚の花びら
- 葉には銀色の毛がある
- 花は直径15mm
- 地面をはう長い茎
- 1枚の葉には、最多で12枚の小葉がある

ヒマワリ

花をさかせる背の高いこの植物は、1本の茎に、直径30cmにもおよぶ巨大な頭花をつけた姿に成長します。ヒマワリ自体の高さも3mに達する場合があります。また、農家の人たちはヒマワリを農作物として育てます。その種子は間食で食べたり、料理に加えたりすることができますが、もっと重要な使い道があります。種子からヒマワリ油ができるのです。この油は、料理で使われたり、車の燃料として利用されたりします。

ヒマワリは育てやすい植物です。定期的に水をやって、日の当たるところに置いておけば、植木鉢の培養土に入れたたった1つの種子が、わずか2週間ほどで発芽します。

大きさくらべ

花のデータ

学名	*Helianthus*
科目	キク科
高さ	最長 3m
花期	真夏〜晩夏
果実	花がさいた後に、中くらいの大きさの種子ができる

- 黄色い花びら
- 直径30cmの大きな頭花
- 厚くて中が空洞の茎
- 大きな葉
- 頭花の中央には数百個もの種子が詰まっている
- とても背の高い茎

キショウブ

キショウブはしめったところで成長します。水中で根をはることさえあります。種子で増えることができますが、根茎でも可能です。根茎とは、春につぼみを出すふくれた根のことです。根茎で横に増えると、キショウブはすぐに成長して広く群生し、池に生息する野生生物にとって申し分のない生息地になります。

アヒル、魚、昆虫は、キショウブのあいだで身を隠すことができます。また、キショウブは水のよごれを取り去るので、下水処理場で利用されます。

大きさくらべ

花のデータ

学名	*Iris pseudacorus*
科目	アヤメ科
高さ	最長 1m
花期	6～8月
果実	長くて、3つの面がある

- 細長い葯
- 花は直径 9cm
- 緑色をした大きながく片は、つぼみを守っている
- 花びらがたれ下がった大きな花
- 細長い葉は、温暖な冬でも生き残ることができる

54

オクエゾガラガラ

オクエゾガラガラは周囲の植物から栄養をうばいます。それで雑草の成長を止めるので、他の野生の植物が草地で生き残ることができます。夏の終わりになると、さく果が熟して、内側の種子はゆるみます。さく果を振ると、種子は内側でカタカタと音をたてます。このことから英語では、「カタカタと音をたてる黄色いもの」という意味の「イエロー・ラトル（yellow rattle）」という名前がつけられました。

実物大

オクエゾガラガラの茎は、他の植物にはあまりない黒い斑点がついているので、草地にあっても簡単に見つけられます。黄色い花は小さくて、緑色の包葉に守られています。

花のデータ

学名	*Rhinanthus minor*
科目	ゴマノハグサ科
高さ	20〜40cm
花期	6〜9月
果実	さく果で、種子がカタカタと音をたてる

- 花は最長で20mm
- 小さな花は、上にフードのような花びら、下にくちびるの形をした花びらがある
- かたくてまっすぐな茎
- 緑色の包葉（うろこのような葉）
- 葉は三角形で、うねがあり、ギザギザしている

用語解説

1年草 枯れるまでの植物の周期が1年で完結する植物。

液果 小さな種子が入った、小さくてやわらかい果実。

雄しべ 花のオスにあたる部分で、花粉をつくります。

がく片 花の下にある、小さな葉のような部分。この1枚1枚をいいます。

花柱 花のメスにあたる器官の1つ。

花粉 花がつくり出す粉末。柱頭まで運んでもらうと新しい種子を生み出すことができます。

球根 地中または地表付近に育つ、植物のふくらんだ部分。この部分が翌年に茎や葉のもととなります。

茎 植物の長くて細い部分。葉や花や果物を支えて、これらに水や栄養分を運びます。

根茎 地中や地面のあたりで成長する、茎のふくらんだ部分。

さく果 成熟すると裂けて種子を放出する果実。

自生地 植物がはえている場所。

種子 植物が生み出す果実の一部。種子から新しい植物が成長していきます。

小花 大きな頭花を構成する1つ1つの小さな花。

小葉 葉のなかには、何枚かの小さな葉からできているものがあり、その1つ1つの小さな葉を小葉といいます。

生活環 植物がはえているあいだにたどる諸段階。

総状花序 茎からつき出しているように花がついている状態。

多年草 2年以上にわたり生きる植物。

柱頭 花のメスにあたる器官の1つ。

頭花 柄のない花が集まったもの。

豆果 マメ科の植物に見られるような、乾燥すると2枚に裂けて、種子を落とす果実。

肉穂花序 穂状花序（たくさんの花が穂のようにつく花のつき方）の1つ。

2年草 枯れるまでの植物の周期が、2年で完結する植物。

花びら 頭花の色づいた部分。

仏炎ほう 成長している花を保護する厚みのある葉。

包葉 花軸の基部にはえる、うろこのような形をした葉。

巻きひげ 何かのまわりに巻きついて成長していく、細い部分。

裂片 裂けている葉の1部分ずつのこと。

ロゼット 地面のあたりで、葉が茎から放射状に出ているようす。

50音順

●著者プロフィール
カミラ・ド・ラ・ベドワイエール
(Camilla de la Bedoyere)

ロンドン在住。ノンフィクションを中心に自然、科学、アートをテーマとした、児童書から大人向きの書籍まで、幅広い執筆活動を続けている。ロンドン動物学会の特別会員であり、動物保護の促進に努める一方、小学校や中学校にて、子どもたちの読み書き能力を向上させる特別教員でもある。『科学しかけえほんシリーズ からだ探検』（大日本絵画、2015年）、『100の知識シリーズ 深海のなぞ』（文研出版、2011年）、『図説知っておきたい！スポット50 昆虫』『図説知っておきたい！スポット50 チョウとガ』『図説知っておきたい！スポット50 サメ』（六耀社、2016年）など。

訳出協力　Babel Corporation／深川 恵
日本語版デザイン　（有）ニコリデザイン／小林健三

図説　知っておきたい！スポット50
野の花

2016年10月27日初版第1刷

著　者　カミラ・ド・ラ・ベドワイエール
発行人　圖師尚幸
発行所　株式会社 六耀社
　　　　東京都江東区新木場2-2-1　〒136-0082
　　　　Tel.03-5569-5491　　Fax.03-5569-5824
印刷・製本　シナノ書籍印刷 株式会社

© 2016
ISBN978-4-89737-840-4
NDC471 56p 27cm
Printed in Japan

本書の無断転載・複写は、著作権法上での例外を除き、禁じられています。
落丁・乱丁本は、送料小社負担にてお取り替えいたします。